ITU 핵심 이슈 파악 및 WTSA 대응 연구

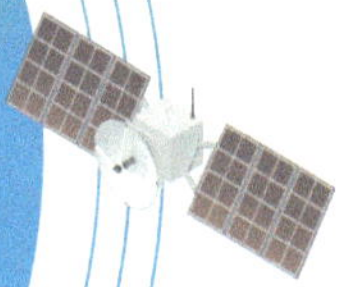

국립전파연구원

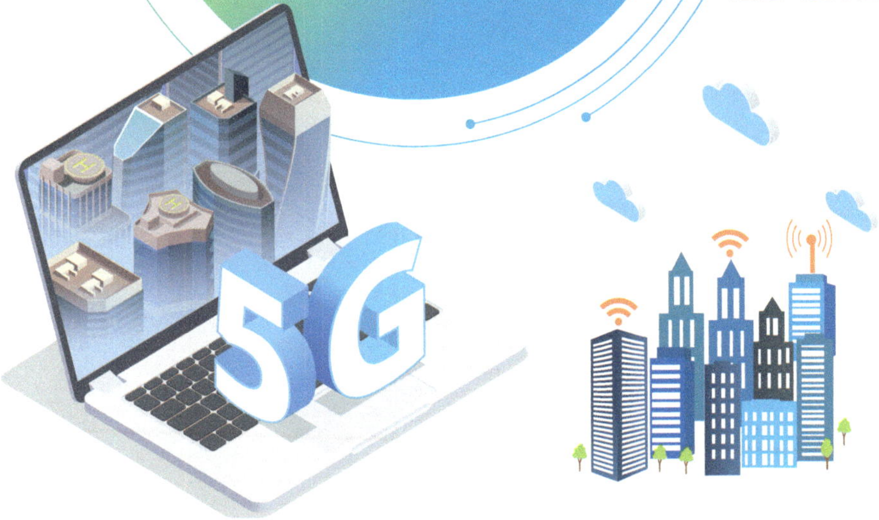

요 약 문

본 연구는 정보통신 관련 표준을 제정하는 세계 최대 규모의 국제표준화 기구인 ITU에서 2022년 한 해 동안 추진되었던 주요 기술적 이슈 및 동향을 조사함으로써 국내 대응 방향 수립 등에 활용하고, ITU 내 국제의장단 진출 등 우리나라의 위상강화와 국제표준화 경쟁력 제고를 위해 효과적 국내대응을 목표로 진행되었다.

2022년 3월에 개최된 ITU의 전기통신표준화총회(이하 WTSA)에 효과적으로 대응하고 ITU에서 진행 중인 주요 표준화 이슈를 파악하여 우리나라의 표준화 방향 설정과 대응 전략 수립에 활용하고자 하는 목적으로 진행되었다.

올 한해 ITU는 지난해에 이어, 5G·인공지능·사물인터넷 등 4차 산업혁명 주요기술과 특히 블록체인·양자암호통신 등 정보보안 분야의 표준화가 두드러졌다.

국내에서는 여전히 COVID-19 상황 악화로 어려운 환경에도 불구하고 76회 ITU 국제회의에 참가하여 총 272의 기고서를 제출하였고, 특히 주요 핵심기술들의 표준화가 진행되고 있는 연구반 및 산하 그룹들의 동향에 대해 113건의 심층 분석을 진행하였다. 그 결과로 양자암호통신, 사물인터넷 등 핵심 분야에서 우리나라 주도로 개발한 표준 23건이 최종 채택되고, 신규표준화 과제 25건 승인 및 우리나라 기술 정책 등의 기술보고서 채택 3건이 반영되었다.

이 보고서는 세계전기통신표준화총회의 주요 성과와 2022년 한국ITU연구위원회 각 부분에서의 주요 이슈와 대응 결과, 국제표준특허 대응 성과 등을 기술하고 있다

목 차

제1장 서론 ··· 1
  제1절 연구의 배경 ·· 1

제2장 세계전기통신표준화총회(WTSA) 국제회의 대응 ········ 5

  제1절 세계전기통신표준화총회(WTSA) 개요 ······························ 5
    1. 세계전기통신표준화총회 소개 ·· 5
    2. 세계전기통신표준화총회 구성 및 운영 ······························ 5

  제2절 WTSA 참가 ·· 6
    1. 회의 개요 ··· 6
    2. WTSA 주요 활동 ·· 6
    3. 연구반 구조조정 ··· 7
    4. 러시아 의장단 진출 이슈 ··· 7

  제3절 세계전기통신표준화총회(WTSA) 주요 성과 ······················ 7
    1. 우리나라 의장단 선출 ·· 7
    2. WTSA 결의 사항 및 국가대표단 명단 ····························· 8

제3장 ITU 주요 핵심 이슈 대응 ································ 11

제1절 ITU 주요 국제표준화 이슈 ······························· 11
1. ITU-R 주요 이슈 ··· 11
2. ITU-T 주요 이슈 ··· 14
3. ITU-D 주요 이슈 ··· 16

제2절 한국ITU연구위원회 운영 ································ 17
1. 운영위원회 운영 ·· 17
2. 한국ITU연구위원회 국제 표준화 동향 공유 및 확산 ············ 18
3. 특허청과 공동으로 ITU 분야에 대한 국제표준 특허 대응 지원 ······ 19
4. ITU 국제표준화 성과 보도자료 배포 ·························· 19

제4장 결론 ································· 23

표 목 차

[표 1] ·· 6
[표 2] ·· 6
[표 3] ·· 7
[표 4] ·· 8
[표 5] ··· 11
[표 6] ··· 11
[표 7] ··· 12
[표 8] ··· 15
[표 9] ··· 17
[표 10] ··· 17
[표 11] ··· 19

그 림 목 차

[그림 1] ··· 5

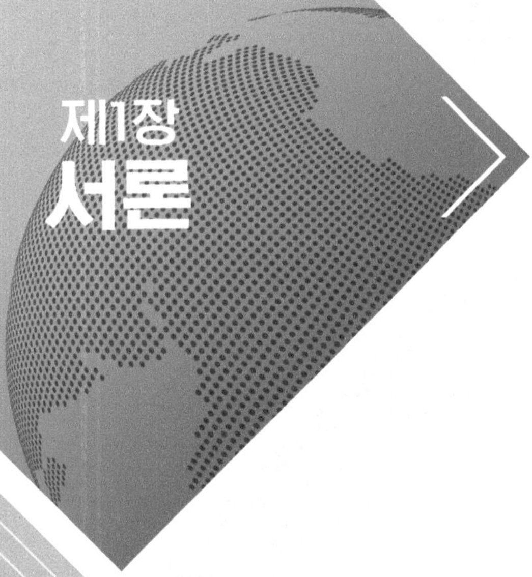

제1장
서론

National
Radio
Research
Agency

제1장 서론

제1절 연구의 배경

세계전기통신표준화총회(WTSA, World Telecommunication Assembly)는 ITU-T 분야 연구반의 개편과 의장단 선출, 향후 회기 간 연구 방향을 담은 결의의 제·개정, 작업 방법 관련 권고의 개정 등의 기능을 수행하는 회의로 향후 4년간의 표준화 방향을 결정하기 때문에 매우 중요한 회의라 할 수 있다. 당초 2020년 11월에 개최 예정이었으나 COVID-19의 전 세계적 확산으로 2022년 3월로 연기됨에 따라 우리나라 대응 활동 또한 2022년에도 계속 이어졌다.

이번 WTSA에서 논의 예정인 차기 회기 연구반 의장단 선출, 연구반 구조 조정, 결의 및 권고 제·개정 등 이슈에 대해 국내 전략 수립 및 대응을 위한 '19. 12월부터 구성·운영하여 대응하고 있으며, 총 13차례 회의를 통해 APT 공동기고서 개발, 차기 연구반 의장단 후보자 선정, 연구반 구조조정 논의에 국내 입장 반영, 관련 국가 간 회의(한-미) 참가 등의 활동 추진을 하였다.

본 보고서 또한 지난해에 이어 올해 활동한 결과를 중점적으로 기술함으로써 본 보고서를 읽는 독자로 하여금 WTSA 관련 대응 사항 등을 종합적으로 파악할 수 있도록 작성하였다.

또한 WTSA와 별개로 5G, AI, 양자암호통신 등 최근 각광 받고 있는 주요 ICT의 표준화도 활발하게 진행되었다. 주요 기술의 선점 여부가 미래 국가 경쟁력을 장악할 만큼 중요해졌기에 선진국을 중심으로 국제표준화가 치열하게 전개되고 있다.

본 보고서는 이러한 ITU의 표준화 이슈를 파악·분석하고 한국ITU연구위원회를 중심으로 추진되었던 국내 표준화 활동 결과 등을 담았다.

제2장
세계전기통신 표준화총회(WTSA) 국제회의 대응

National Radio Research Agency

제2장 세계전기통신표준화총회(WTSA) 국제회의 대응

제1절 세계전기통신표준화총회 개요

1. 세계전기통신표준화총회 소개

전기통신표준화총회(WTSA)는 ITU-T 부문의 기술총회로 4년마다 한 번씩 개최된다.

ITU 헌장과 협약에 따라 세계전기통신표준화총회는 ITU-T부문 연구반의 신설·종료, 차기 회기 연구반의 의장단 구성, ITU의 절차 및 방법 등을 규정한 결의 및 권고의 제·개정 임무를 수행한다.

2. 세계전기통신표준화총회의 구성 및 운영

WTSA는 총회를 비롯한 운영위원회, 예산위원회, ITU-T 작업방법 위원회, 작업 프로그램 및 조직 위원회, 편집위원회로 구성되며, 회의 기간 동안 주관청 간 의견을 조정하고 절차 개정과 연구그룹 의장단을 결정하는 등의 기능을 수행한다.

그리고 WTSA 총회와 각 위원회의 의장단은 지역 균형과 순환, 성비 균형 등의 원칙에 따라 구성되는데 지역기구별로 추천을 받아 조정을 거쳐 회의 전날 개최되는 수석대표 회의에서 확정된다.

구조를 살펴보면 총회 및 5개 위원회로 구성되며, 상황에 따라 다른 위원회 및 산하 작업반이 설립될 수 있다

< 그림 1. WTSA-20 총회, 위원회 및 하위그룹 조직도 >

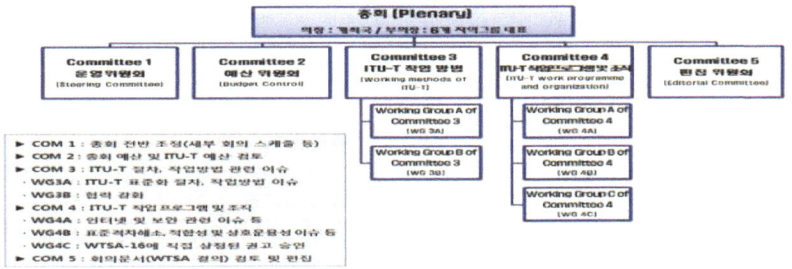

제2절 WTSA 참가

1. 회의 개요

2022년 개최된 WTSA-20은 '22. 3. 1(화) ~ 3. 9(수) 스위스 제네바에서 개최되었으며, ITU 회원국 약 190개 국가, 기업 및 학계 등 섹터 멤버 약 1,000여명이 참석하였고, 총회, 5개 분과위원회(운영, 예산, 작업방법, 작업프로그램·조직, 편집)으로 구성되었다.

2. WTSA 주요 활동

ITU-T 의장단 후보자 등록으로 총 137명이 제출되었으며 우리나라는 12개 모든 그룹에 후보를 제출하였다.

표 1. < ITU-T 연구반 의장단 후보자 제출 현황 ('22.1월 기준) >

구분	그룹	직위	성명	소속	기존 약속	타국 후보 등록	지원 가능 의석*
연임 (5)	SG9(광대역케이블, TV)	부의장	김태균	ETRI	O	우리나라 연임 가능	-
	SG12(성능, 품질)	부의장	정성호	한국외대			
	SG13(미래네트워크)	부의장	김형수	KT			
	SG17(보안)	의장	염흥열	순천향대			
	SG20(사물인터넷)	부의장	김형준	ETRI			
신규 (7)	TSAG(자문반)	부의장	정삼영	RRA	X	인도,중국,일본	2
	SG2(전기통신관리, 운용)	부의장	이인섭	KT	X	중국(연)	2
	SG3(경제, 정책이슈)	의장	이병남	ETRI	O	인도,이집트,브라질	1
	SG5(환경, 기후변화)	부의장	김병찬	ETRI	O	인도,일본(연),중국(연)	1
	SG11(프로토콜, 시험규격)	부의장	고남석	ETRI	O	일본,중국(연)	2
	SG15(전송망)	부의장	정태식	ETRI	O	인도	3
	SG16(멀티미디어)	부의장	강신각	ETRI	X	인도,일본(연)	2

표 2. < 국가별 후보 제출 현황(가나다 순, SCV 제외) >

번호	국가/회사	의장	부의장	의석수	번호	국가	의장	부의장	의석수
1	가나	-	6	6	19	요르단	-	3	3
2	노키아	-	2	2	20	우루과이	-	1	1
3	독일	-	1	1	21	이집트	1	4	5
4	러시아	1	5	6	22	이탈리아	-	2	2
5	루마니아	-	1	1	23	인도	3	9	12
6	르완다	-	2	2	24	일본	2	9	11
7	멕시코	1	1	2	25	잠비아	-	1	1
8	미국	1	4	5	26	중국	2	10	12
9	바레인	-	2	2	27	중앙아프리카공화국	-	5	5
10	브라질	1	1	2	28	캐나다	1	2	3
11	브로드컴(미국)	-	1	1	29	코트디부아르	-	1	1
12	사우디아라비아	1	-	1	30	쿠웨이트	-	2	2
13	세네갈	-	3	3	31	탄자니아	-	1	1
14	스웨덴	-	1	1	32	터키	-	4	4
15	아랍에미리트	1	2	3	33	튀니지	-	7	7
16	아르헨티나	-	8	8	34	프랑스	-	2	2
17	알제리	-	5	5	35	한국	2	10	12
18	영국	1	1	2	총 137석(의장 18석, 부의장 119석)				

3. 연구반 구조조정

연구반 구조조정에 대한 주요 내용으로 '19.12월 TSB(전기통신표준사무국)가 연구반 간 역할 중복 배제, 융합 이슈 대응, 운영 효율성 제고를 위해 연구반 구조조정안 (現 11개 → 6개)을 ITU-T 자문반 회의 안건으로 제안함에 따라 방안을 검토하였다.

☞ 금번 WTSA-20에서는 '22년 3월에 개최되어 앞으로 2년 후에 다시 개최할 예정으로 연구반 구조조정에 대해 논의을 잠시 중단하고 다음 WTSA-24까지 現 연구반 문제점 및 현황 분석 연구를 하기로 함에 따라 지난 TSAG ('22.1월)에서 개발한 실행 계획을 확정하였다.

4. 러시아 의장단 선출 이슈

기타 이슈로 러시아 의장단 선출 관련 이슈가 있었다. 우크라이나, EU 등은 러시아의 우크라이나 침공이 국제법 및 UN 헌장을 위반하였음을 규탄하며, WTSA-20 회의 총회·분과위원회 의장단 및 ITU-T 연구반 의장단에 러시아 후보* 임명을 반대함에 따라 투표로 결정하였다. 투표 참여 100개국 중 53개국 찬성, 19개국 반대, 28개국이 기권하였다. 러시아는 WTSA-20 총회 부의장, COM 5(편집위원회)부의장, SG11의장, TSAG, SG2, SG3, SG17, SG20, SCV(용어) 부의장 후보 제출하였으나 투표 결과에 따라 모든 의장단에서 제외되었다.

제3절 세계전기통신표준화총회(WTSA) 주요 성과

1. 우리나라 의장단 선출

우리나라는 12개 연구반 (1개 자문반 포함) 전체에 후보를 제출하였으며, 논의 결과 총 10석 (의장2석, 부의장 8석) 의장단을 확보하였다. 전체 의장석 128석 중 우리나라는 10석으로 세계 2위 의장국이 되는 성과를 이루었다.

표 3. 우리나라 의장단 선출결과

No.	의석구분	ITU-T 연구반	소 속	성 명	비고
1	의장	SG17(정보보호)	순천향대학교	염흥열	연임
2	(2석)	SG20(IoT 및 스마트시티)	한국전자통신연구원	김형준	신규
3	부의장	SG2(전기통신관리, 운용)	KT	이인섭	신규
4		SG5(ICT와 순환경제)	한국전자통신연구원	김병찬	신규

5	(8석)	SG9(광대역 케이블 TV)	한국전자통신연구원	김태균	연임
6		SG11(신호방식, 시험명세)	한국전자통신연구원	고남석	신규
7		SG12(품질)	한국외국어대학교	정성호	연임
8		SG13(미래네트워크)	KT	김형수	연임
9		SG15(광전송)	한국전자통신연구원	정태식	신규
10		SG16(멀티미디어)	한국전자통신연구원	강신각	신규

2. WTSA 결의 사항

WTSA 결의 제·개정사항으로 우리나라 주도로 개발한 APT(아·태지역) 공동 기고서 4건에 대해 논의 결과 3건은 반영되였으며 1건은 전권회의에 제출키로 합의하였다.

표 4. WTSA 결의 제·개정사항

구분		주요 내용	결과
팬데믹 확산 방지를 위한 ITU-T의 역할*	신규	팬데믹 대응 모범 사례 수집 및 검색 솔루션 개발 촉진, 관련 표준화 개발 로드맵 개발	PP-22에 제출
결의50 (사이버보안)	개정	사이버보안 연구 강화를 위해 연구반 간 조정역할을 하는 보안 공동 조정 활동 촉진, ITU-T 권고들에 대한 보안 취약점 평가 실행계획 수립 추가	반영
결의 55 (양성평등)	개정	여성 전문가 참여 유도를 위해 지원사항 추가(온라인 교육, 회의참석 기회 제공 등)	반영
결의 89 (금융포용격차 해소)	개정	금융 소외계층 (최빈국, 여성 등)의 금융접근성을 증대하고 소비자 보호를 위한 가이드라인 연구개발 장려 문구 추가	반영

제3장
ITU 주요 핵심 이슈 대응

National Radio Research Agency

제3장 ITU 주요 핵심 이슈 대응

제1절 ITU 주요 국제표준화 이슈

2022년 한국ITU연구위원회는 총 76회의 국제회의에 참가하여 272건의 국가기고서를 제출하였으며, 그 중 23건이 국제표준으로 채택되었다. 그리고, 기술보고서에 우리나라 기술 정책 등 3건이 반영되었으며, 우리나라가 제안한 신규 표준화 과제 25건이 승인되었다.

1. ITU-R 주요 이슈

올해 R 분야의 주요 활동의 하나로서 국내 6G R&D 추진전략의 6초(초성능, 초대역, 초정밀, 초공간, 초지능, 초신뢰)에 기반하여 **6G 국제표준 선도를 위한 미래기술동향 보고서** 개발을 완료('22.6월)하였으며, 우리나라의 제안으로 **6G 비전 워크숍**이 개최('22. 6월, ITU) 되었다.

표 5. 각국/기관의 6G 핵심 기술 개발 활동 공유

통신 기반 서비스 (5G 목표서비스)	통신 이상 서비스 (추가)
① 몰입형 통신 (Immersive Com, eMBB 확장)	④ 글로벌 무선연결 등 (Global Mobile Connectivity and Sustainability)
② 초저지연 통신 (Extreme Com, URLLC 확장)	⑤ 인공지능 활용 통신 (Integrated AI and Com)
③ 초연결 통신 (Massive Com, mMTC 확장)	⑥ 센싱 결합 통신 (Integrated Com and Sensing)

표 6. 우리나라 제안 서비스 시나리오 및 주요 요구사항

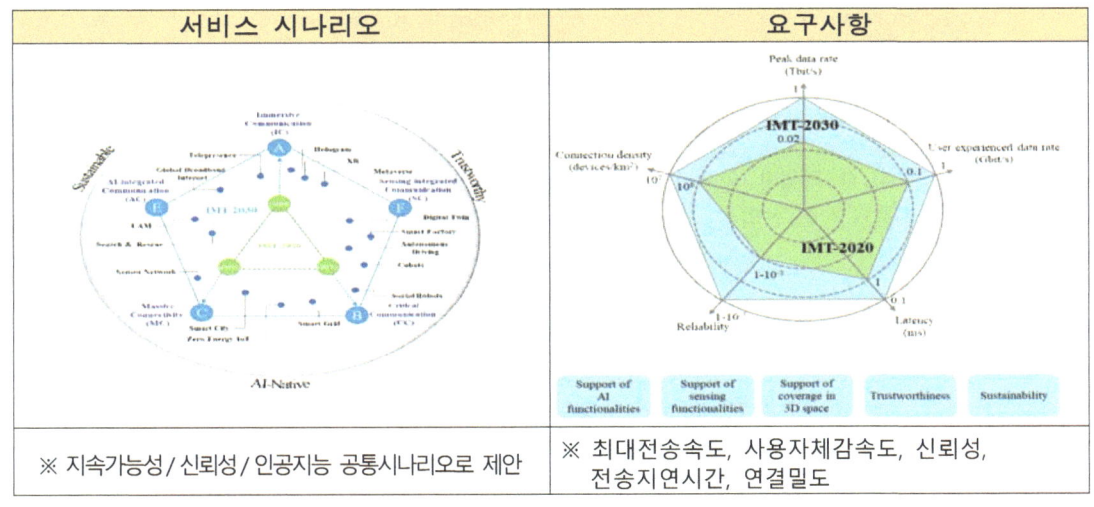

위성 업무에서는 **한국형 정밀 GPS 위치보정시스템(KASS*) 전송제원 반영**으로 국내외 항행안전시설 및 위치기반서비스 활성화에 기여('22.1월, 권고 개정 최종 승인) 하였으며, 7/8㎓ 20/30㎓ 대역에서 비정지궤도 위성시스템으로부터 국내 정지궤도 이동위성업무 위성망 보호를 위한 향후 전파규칙 개정의 규정적 방안을 제안하여('22.9월) 우리나라 위성망이 보호받을 수 있도록 작업중이다..

* 우리나라는 재해/재난시 비상통신, 영해보호, 수자원 관리 및 위성항법보정 등의 목적으로 정지궤도 공공복합통신위성 개발 추진 중

또한 전파전파 연구 분야에서는 100㎓ 이상 대역에서의 전파 활용을 위하여 건물 재질(권고 P.2040*)과 강우감쇠(P.838**) 특성 권고에 국내 전파 측정 결과를 기고하여 권고 개정 작업에 반영('22.6월, 23건 기고 제출)하였다
* P.2040 : 100㎒ 이상 건물 재질 및 구조에 의한 전파전달 영향
** P.838 : 강우감쇠 예측에 관한 모델

그리고 방송업무분야에서 ATSC3.0 기반 국내 지상파 UHD 기술을 활용한 주요 현장 실험(시스템 성능평가, LDM/TDM 전송 다중화, 단일주파수망 효율, 8K-UHD) 결과를 UHDTV 현장실험 보고서에 반영하여 국내 기술 우수성 홍보에 기여('22.9월)하였다
* BT.2343 : 디지털 지상파TV 네트워크 기반 UHDTV 현장실험 현황

표 7. ITU-R 분야 주요 추진 사항

연구반		주요 이슈	대응 결과
R 연구단	1	ITU-R 작업반 의장단 임기 제한 결의 신설 논의	- RA-19 후속사항으로 RAG에서 검토 중인 사항으로 '21~'22년 RAG 회의 및 CG에서 권고채택 승인절차, WP 의장단 임명 방법 및 임기제한 신설 논의 중 - '22년 우리나라의 기고 제출은 없었으며, CG 참여를 통해 동향 모니터링 중 ※ 국내 전문가들의 국제무대 진출에 영향이 없도록 대응 중

연구반		주요 이슈	대응 결과
SG1 (전파관리)	1	스펙트럼 가용성 평가 또는 예측 관련 신규연구과제(Q. 241/1)를 바탕으로 스펙트럼 관리 방법론 연구	- 국내에서 연구 개발된 기계학습 기반 스펙트럼 가용성 예측 및 평가방법을 바탕으로 신규 보고서 초안 개발 주도 - 중국의 스펙트럼 이용 관리 사례를 포함하고, 우리나라의 스펙트럼 가용성을 높이는 기술(Cognitive Radio, MIMO 등)을 반영함 - 다양한 국가들의 스펙트럼 가용성 관련 정책, 사례 기고 독려
SG3 (전파전파)	1	100GHz 이상 대역 전파전파 연구	- THz대역의 건물재질(권고 P.2040*)과 강우감쇠(권고 P.838*) 특성 관련 국내 측정결과가 관련 권고 개정 준비에 중요 자료로 반영 * P.2040 : 100MHz 이상 건물 재질 및 구조에 의한 전파전달 영향에 관한 권고 * P.838 : 강우감쇠 예측에 관한 모델
SG4 (위성업무)	1	Ku/Ka 대역 고정위성업무 위성망과 통신하는 이동형지구국(ESIM) 운용 기준 연구	- 29.5-30GHz 대역 2순위 지상업무 보호에 대해 ESIM이 해당 대역 2순위 업무에 영향을 주지 않아야 하며, 보호를 위한 항공기 ESIM의 기술적 조건 준수 의무 부여 협의에 따른 CPM 보고서 초안 및 신규 결의 수정사항 반영
SG4 (위성업무)	2	위성망 국제 등록 절차 개선	- '비정지궤도 위성시스템으로부터 이동위성업무 정지궤도 위성망의 보호 방안'에 대해 우리나라가 제안한 전파규칙 제22.2호 규정의 개념을 적용하는 방안 CPM 보고서 초안 반영
SG4 (위성업무)	3	협대역 이동위성업무용 신규 분배 방안 연구	- 전파규칙 개정 반대로 협의했지만, 위성 IoT 주파수 신규 분배 이슈를 차기 WRC 의제에서 다루는 것에 대해 미합의된 상태로 지속적인 동향 주시 필요
SG5 (지상업무)	1	연결 기반 자율주행차량(CAV) 연구 대응	- CAV 관련 신규 보고서 초안에 국내에서 추진하고 있는 자율주행 서비스 및 무선통신 기술 현황 반영
SG5 (지상업무)	2	4.8GHz대역 항공·해상이동업무 보호 기준 검토	- 기존 항공·해상 업무 보호 의견(한국, 프랑스, 호주, 미국)과 반대의견(러시아, 중국)으로 양분되어 합의 도출에 어려움이 있음 - 국내 AMS를 보호하기 위하여 호주, 프랑스, 미국 등과 공동 대응 추진 중
SG5 (지상업무)	3	무선랜(RLAN) 시스템 특성 연구	- 무선랜 특성 권고(M.1450)에 국내 무선랜 주파수 현황(5,925~7,125MHz) 및 IEEE 표준을 TTA도 준용하고 있음을 추가

연구반		주요 이슈	대응 결과
WP5D (IMT)	1	미래기술 동향보고서 개발 대응	- 국내 R&D 전략과 산·학·연의 신기술 수요를 반영, '30년 6G 시대에 예상되는 미래 기술 동향 보고서 개발 완료 * 미래 기술 트렌드 보고서는 인공지능 기술 발전, 시스템의 신뢰성과 지속가능성 향상, 보안 강화, 다양한 융합 서비스의 등장 등 6G의 새로운 요구사항들을 반영하기 위한 혁신적인 미래 기술 동향을 제시
	2	6G 비전 워크숍 개최 추진	- 우리나라는 비전 그룹 의장국으로 6G 비전 개발의 글로벌 관심과 참여를 유도하기 위한 ITU 워크숍을 성공리에 개최 * 미주, 유럽, 아시아 외에 남미, 아랍, 아프리카 등 글로벌 14개 기관, 400여명이 참가하여 6G 비전에 대해 각 국가/기관이 갖고 있는 생각 공유
SG6 (방송업무)	1	우리나라 UHDTV 방송 기술 및 현황 표준화 추진	- 보고서(BT.2343)에 우리나라 UHD 응용기술 관련 현장실험 결과를 포함하여 개정 추진 합의
SG7 (과학업무)	1	글로벌 예·경보용 우주전파환경(기상) 센서의 보호	- '22. 4월, 국내에서 운용 중인 우주기상 센서에 대한 ITU-R RS. 2456 수정기고 제출 및 반영 - '22. 9월, Space weather 정의는 대기·기상에만 한정되어 있어, 국내에서 이용 중인 우주전파환경 관련 정의 등을 ITU 보고서(RS.2456)와 CPM text에 반영

2. ITU-T 주요 이슈

ITU-T 부문에서는 클라우드 컴퓨팅 및 IMT-2020 사설망에서 초고신뢰·초저지연을 지원하는 버티컬 서비스 보안요구사항 등 우리나라 주도로 개발된 권고 총 22건이 승인되었다.

이 외에도 올해 초부터 멀티미디어 및 디지털 기술 연구반(SG16)에서 메타버스 표준화 추진 이슈 관련 논의를 위한 임시 그룹인 메타버스 서신그룹 의장을 수임하고, 정보보호 연구반(SG17)에서 메타버스 보안 표준화 연구의 필요성을 제안하여 반영시키는 등 메타버스 포커스그룹 신설을 위한 논의를 주도적으로 이끌었다.

올해 12월 12일부터 16일까지 스위스 제네바에서 개최된 "국제전기통신연합 전기통신표준화 부문(ITU-T) 표준화자문그룹(TSAG*) (한국대표단 수석대표 : TTA 구경철 본부장)회의에서 우리나라 주도로 메타버스 포커스 그룹**이 신설되고, 우리나라 전문가가 의장에 선출되었다.

* TSAG(Telecommunication Standardization Advisory Group) : ITU-T 연구반 상위 자문그룹으로 ITU-T 부문 연구반 활동 조정, 작업방법 등을 논의
** 포커스 그룹 : 특정 이슈에 대해 ITU-T 연구반의 활동을 돕고 외부 전문가 등의 참여를 장려하여 해당 기술 및 표준 사전연구 등을 수행하는 그룹

표 8. ITU-T 분야 주요 추진 사항

연구반명	주요 이슈
연구단 (WTSA-20 대응준비반 포함)	- (TSAG) A.1(ITU-T 작업방법) 권고안 수정 제안 기고서 1건 제출(JCA 참가 규정 수정) - (WTSA-20) 의장단 10석 진출(의장 2석, 부의장 8석) 및 사이버보안(결의 50) 등 결의 3건 개정 주도
SG2	- 국제회의 참가 및 번호자원, 망관리 분야 이슈 분석
SG3	- SG3RG-AO 회원국 및 섹터멤버의 참여 활성화를 위한 설문 제안 기고서 1건 제출 및 반영
SG5	- 공장 에너지 관리시스템 참조모델(L.FEMS) 신규 권고 아이템 채택
SG9	- 진화된 IP 기반의 디지털 비디오 컨버전스 서비스를 위한 요구사항(J.1111) 권고 1건 최종 채택 - IP 기반 디지털 비디오 컨버전스 서비스 기능 규격(J.FSPEC-DVCS) 신규 권고 아이템 채택
SG11	- 연합 MEC 환경을 위한 신호 요구사항 및 구조(Q.5003) 권고 3건 최종 채택
SG12	- 학습데이터에 따른 딥러닝 기반 무기준 화질 평가 방법 성능 변화 기고서 1건 제출 및 반영
SG13	- 클라우드 컴퓨팅 – 컨테이너의 기능적 요구사항(Q.3535) 등 권고 7건 최종 채택 - 인공지능 기반 디바이스 고장예측 및 모니터링 서비스 모델(Y.afm) 신규 권고 아이템 채택 - 양자암호분배네트워크 – 기계학습 기반 품질보장을 위한 요구사항(Y.QKDN-qos-ml-req) 등 권고안 2건 사전 채택(현재 회원국 회람중)
SG15	- 광전달망 권고 G.709, G.798 및 G.875에서 지연시간 측정에 관한 기술 개선 제안 등 기고서 4건 제출 및 반영
SG16	- V2X 통신을 위한 객체 분류 dictionary set 요구 사항 등 기고서 3건 제출 및 반영 - 분산원장기술 기반 서비스를 위한 고속 메시지 전달 프레임워크 신규아이템 1건 채택 - 개인건강정보 보안성 분산원장 이동 관리 요구사항(F.747.10) 권고 1건 최종 채택

연구반명	주요 이슈
SG17	- 호스트 내 악성 코드 공격으로부터 스토리지를 보호하기 위한 보안 프레임워크 등 신규 권고 아이템 4건 채택 - 인터넷 연계 제어시스템 내 원격 접속 도구 사용 보안 가이드라인(X.1333) 등 권고 6건 최종 채택 - IMT-2020 통신 시스템 보안 지침(X.5Gsec-guide) 등 권고안 3건 사전 채택(현재 회원국 회람중)
SG20	- 스마트시티를 위한 디지털 트윈 시스템의 요구사항 및 기능(Y.4600) 권고 1건 최종 채택 - 자율주행 도심 배달로봇 연동 요구사항(Y.DRI-reqts) 등 신규 권고 아이템 8건 채택

3. ITU-D 주요 이슈

ITU-D 분야에서는 D 연구단에서 2건, 연구반 1(SG1*)에서 2건, 연구반 2(SG2**)에서 1건으로 총 5건의 기고서를 제출하였다.

* SG1: 의미있는 연결을 가능하게 하는 환경
  (Enabling environment for meaningful connectivity)
** SG 2: 디지털 전환(Digital transformation)

올해는 6월 6일부터 16일까지 르완다 키갈리에서 세계전기통신개발총회(WTDC-22)가 개최되었다. WTDC는 4년 주기로 개최되는 ITU 개발부문 총회로 향후 4년간의 선언문 채택, ITU-D 전략 및 사업계획 수립, 소속 연구반(Study Group, SG) 업무 및 연구과제 등을 확정한다.

이번 WTDC-22에서 우리나라는 차기 회기('22년-'25년) 의장단에 정보통신정책연구원(KISDI) 고상원 국제협력연구본장이 SG1 부의장에, 전선민 부연구위원이 SG2 부의장에 진출하는 등 연구반 부의장 2석을 확보하였다. 의장단 2명을 수임한 것이 처음으로 ITU-D의 핵심활동에 주도적으로 참여하고 영향력을 강화할 수 있을 것으로 기대된다.

6월 2일부터 4일까지 키갈리에서 하이브리드로 개최된 글로벌 청년 서밋 대응으로서 '세대를 연결하는 글로벌 청년정상회의(Generation Connect Global Youth Summit)'에 한국 청년대표 5인이 온라인 참석하여 안전한 사이버 세상, 역량개발, 양성평등 등 포괄적인 논의에 참여하였다.

9월 26일부터 10월 14일까지 루마니아, 부큐레슈티에서 개최된 전권회의(PP-22) 대응으로 과기정통부 주관으로 국내대응 준비반을 구성하였으며, 과기정통부 요청에 따라 한국ITU연구위원회는 의제대응, 선거 활동 등에 대한 지원을 수행하였다.

표 9. ITU-D 연구단 주요 이슈

연구반	주요 이슈
D 연구단	- APT WTDC-22 준비그룹과 WTDC-22를 중심으로 대응 및 2022 전권회의에 D분야 의제 담당으로 참석
SG1	- WTDC-22에서 총 7개 연구과제를 확정하였으며 한국은 SG1 부의장을 연임하였으며 SG1 정기회의에서 라포쳐 의장단(코라포쳐 2인, 부라포쳐 1인) 진출
SG2	- WTDC-22에서 총 7개 연구과제를 확정하였으며 한국은 SG2 부의장에 진출하였으며 SG2 정기회의에서 라포쳐 의장단(코라포쳐 1인, 부라포쳐 3인) 진출

제2절 한국ITU연구위원회 운영

한국ITU연구위원회는 ITU 각 부문 연구반 국제회의 대응 이외에 국제표준화 보도자료 배포, 표준특허 분석 자문반 운영 등 우리나라의 ITU 활동 지원을 위한 업무를 수행하였다.

1. 운영위원회 운영

ITU연구위원회 활동 성과 및 계획, 예산, 조직 개편 등 주요 의제에 대해 심의·의결하는 최고 의결 조직인 운영위원회는 국립전파연구원장(ITU연구위원회 위원장) 등 21명의 운영위원으로 구성된다.

2022년 운영위원회는 총 3회 개최되었으며 주요 검토 의제는 다음과 같다.

표 10. 한국ITU연구위원회 운영위원회 주요 이슈

회기	일시 및 장소	주요 의제
2022-1차	1.19 ~ 1. 21 서면회의	○ 한국ITU연구위원회 '22년 추진계획에 따른 예산안 심의
2022-2차	7.19 ~ 21 서면회의	○ 한국ITU연구위원회 예산 편성 금액 변경 - 전권회의(PP-22, 9월) 사무차장 입후보에 따른 선거활동 지원을 위한 '국제기구 대응비' 20백만원 증액 등 ○ WTSA-20 대응준비반 폐지 - WTSA-20('22.3월) 개최 완료에 따른 관련 대응활동 종료

| 2022-3차 | 12.9
대면회의 | ○ 한국ITU연구위원회 '22년 실적보고 및 '23년 계획 심의
○ RA-23 대응준비반 신설(안) 검토 |

2. 한국ITU연구위원회 국제 표준화 동향 공유 및 확산

2022년 9월 19일 디지털 혁신 확산 관련 차세대 네트워크, 신기술 산업 등 ITU 국제표준화 활동 동향을 공유하고 전문가 간 의견 교환을 위한 워크숍을 조선 팰리스 호텔에서 개최하였으며, 온라인 중계를 통해 실시간 양방향으로 워크숍 및 세미나를 진행하였다.

o 한국ITU연구위원회 22-1차 세미나(온라인 중계 병행)
 - 일자 / 장소 : '22.4.22 / TTA 회의장
 - 주요 내용 : WTDC-21, PP-22, WRC-23의 주요 현안 및 대응 방안

o 한국ITU연구위원회 22-2차 세미나(온라인 중계 병행)
 - 일자 / 장소 : '22.7.15/ TTA 회의장
 - 주요 내용 : 차량통신보안 관련 표준화 현황, 국제 에디터 활동 교육 및 수행 사례

o 한국ITU연구위원회 22-3차 세미나(온라인 중계 병행)
 - 일자 / 장소 : '22.11.21 / TTA 회의장
 - 주요 내용 : ITU 국제표준화 관련 특허분석 및 대응 전략, ITU PP-22 국제회의 결과

3. 특허청과 공동으로 ITU 분야에 대한 국제표준특허 대응 지원사업 추진

국제표준 제정 과정에서 외국 특허에 대응할 수 있는 전략을 마련하기 위해 특허청과 '15년부터 협업하여 추진한 사업으로 올해는 인공지능 분야를 대상으로 선정하여 ITU-T의 SG16 연구반을 중심으로 총 3회의 전문가 자문회의를 추진하여 주요 작업 아이템(5건*)을 선정하고, SG16 국제회의 개최 전에 특허를 심층분석하여 대응전략을 마련하는데 도움을 주었다.

* 분산형 머신 러닝, 멀티모달 대화시스템(multimodal conversation systems), AI기반 상담 서비스, 가상공연에서의 오감데이터 처리, 지능형 고객 서비스 등

4. ITU 국제표준화 성과 보도자료 배포

ITU연구위원회를 통한 국내 표준화 성과 보도자료는 2022년 총 8건이 배포되었다.

표 11. ITU연구위원회 보도자료 배포 주요 내용

제 목	게재일자	관련연구반	내용
정보통신기술 국제표준화 주도를 위해 WTSA-20 참가	'22.3.1.	WTSA-20	차기 연구반 의장단 진출 등 추진
과기정통부, 국제전기통신	'22.3.11		의장 2석, 부의장 8석을 확보하여 국

제목	게재일자	관련연구반	내용
연합 세계전기통신 표준화 총회에서 역대 최대인 10석의 의장단 진출 쾌거			제표준화기구 주도국 위상 강화
5세대(5G), 양자암호통신 보안 등 우리나라 주도 개발 정보보안 표준 4건, 국제전기통신연합 국제표준(안)으로 채택	'22.5.24	ITU-T SG17	5G 등 정보보안 표준 4건 표준채택 및 정보보호 연구반 의장단 17석 재선임
국제전기통신연합 개발부문 연구반 의장단 진출	'22.6.7	WTDC-22	ITU-D 분야 최다 의장단 2석 배출을 통한 정보통신기술 개발의제 논의에 한국의 활발한 역할 기대
6세대(6G) 미래기술 및 비전 개발 등 국제전기통신연합 국제표준화 선도	'22.6.27	ITU-R WP5D	6세대(6G) 연구개발 정책과 산업계 수요 반영, 국제전기통신연합 미래기술유행(트렌드) 보고서 개발 완료
한국 제안 5세대(5G), 클라우드컴퓨팅, 양자암호통신 기술 관련 국제전기통신연합 국제표준(안) 5건 채택	'22.7.19	ITU-T SG13	우리나라 주도 5세대(5G), 클라우드컴퓨팅, 양자암호통신 분야의 관련한 국제표준(안) 5건이 사전 채택되고, SG13 국제의장단 11석 확보
한국 제안 지능형 차량통신보안 관련 국제전기통신연합 국제표준안 3건 사전 채택	'22.9.6	ITU-T SG17	우리나라 주도 지능형 차량통신보안 등 국제표준 3건이 사전 채택 및 양자암호통신 등 신규 표준화 과제 3건이 승인
한국, 국제전기통신연합(ITU) 이사국 9선 연임으로 정보통신기술 국제 지도력 위상 재확인	'22.10.3	PP-22	루마니아에서 열리 국제전기통신연합 전권회의에서 이사국 선출로 9선 연임 성공
한국주도로 국제전기통신연합에서 메타버스 표준화 그룹 신설	'22.12.19	TSAG	국제전기통신연합 전기통신표준화 부문(ITU-T) 표준화자문그룹(TSAG*) (한국대표단 수석대표 : TTA 구경철 본부장)회의에서 우리나라 주도로 메타버스 포커스 그룹**이 신설되고, 의장단 의석을 확보

제4장
결론

National
Radio
Research
Agency

제4장 결론

본 연구를 통해 한국ITU연구위원회는 3월 ITU 전기통신표준화 총회인 WTSA-20에 참가하여, 연구반 의장단에 역대 최대인 10석을 확보하였으며, 지난 6월에는 전기통신개발총회 WTDC-22에서 ITU-D 분야 최초로 의장단 2석을 배출하는 성과를 이루었다. 또한 9월의 ITU 전권회의에서는 최초 이사국 9선 연임을 달성하였으며, 이러한 성과는 우리나라가 기술연구와 표준화 과제에 대해 국제표준화를 주도하고 ITU 내에서 우리나라 위상을 높이는 활동을 하였다.

올해는 비록 COVID-19의 전 세계적 확산으로 많은 국제 회의들이 여전히 취소되거나 영상회의로 대체하는 등 대응에 어려움이 많았지만, 우리나라는 영상회의에 참가하여 적극적으로 우리나라 입장을 반영시킴으로써 많은 부분에서 성과를 이루어 내었다.

특히, 국내 6G R&D 추진전략의 6초(초성능, 초대역, 초정밀, 초공간, 초지능, 초신뢰)에 기반하여 6G 국제표준 선도를 위한 미래기술동향 보고서 개발을 완료('22.6월) 하였으며, 우리나라의 제안으로 6G 비전 워크숍이 개최('22. 6월, ITU)되어 각국 및 기관의 6G 핵심기술 개발 활동을 공유하였다.

내년에도 통상 4년마다 WRC*와 함께 개최(WRC 직전)되는 국제전기통신연합(ITU) 전파통신부문(ITU-R)의 기술 총회(RA-23)가 '23년 11월 13~17일까지 아랍에미리트에서 개최할 예정이며 여기에서 WRC 작업에 필요한 기술적 기초자료 제공, 연구반의 연구과제 승인, 권고·작업프로그램 승인, 연구반 의장단 임명 등 우리나라 입장을 수립하고 반영하는 등의 활동을 이어갈 예정이다.

* WRC(세계전파통신회의, World Radiocommunication Conference) : 국제 주파수분배와 사용에 관한 전파규칙 제·개정 등 전파통신부문의 중요 사항을 결정하는 최고 의결 회의

연 구 책 임 자 : 이경희(국제기구협력팀)
연　구　원 : 박문철(국제기구협력팀 ITU담당)
　　　　　　박성천(국제기구협력팀 ITU담당)
　　　　　　김광일(국제기구협력팀 ITU담당)

ITU 핵심 이슈 파악 및 WTSA 대응연구

초판 인쇄　2024년 12월 01일
초판 발행　2024년 12월 05일

저　자　국립전파연구원
발행인　김갑용

발행처　진한엠앤비
주소　서울시 서대문구 독립문로 14길 66 205호(냉천동 260)
전화 02) 364 - 8491(대) / 팩스 02) 319 - 3537
홈페이지주소 http://www.jinhanbook.co.kr
등록번호 제25100-2016-000019호 (등록일자 : 1993년 05월 25일)
ⓒ2024 jinhan M&B INC, Printed in Korea

ISBN 979-11-290-5695-5 　(93560)　　　[정가 10,000원]

☞ 이 책에 담긴 내용의 무단 전재 및 복제 행위를 금합니다.
☞ 잘못 만들어진 책자는 구입처에서 교환해 드립니다.
☞ 본 도서는 [공공데이터 제공 및 이용 활성화에 관한 법률]을 근거로 출판되었습니다.